不可思议的发明

联通无线电报

[加] 莫妮卡·库林 / 著 [加] 理查德·鲁德尼茨基 / 绘 简严 / 译

图书在版编目（CIP）数据

不可思议的发明．联通无线电报 /（加）莫妮卡・库林著；（加）理查德・鲁德尼茨基绘；简严译．— 北京：东方出版社，2024.8
书名原文：Great Ideas
ISBN 978-7-5207-3664-0

Ⅰ．①不… Ⅱ．①莫… ②理… ③简… Ⅲ．①创造发明—儿童读物 Ⅳ．① N19-49

中国国家版本馆 CIP 数据核字 (2023) 第 213175 号

This translation published by arrangement with Tundra Books,
a division of Penguin Random House Canada Limited.

中文简体字版专有权属东方出版社
著作权合同登记号　图字：01-2023-4891

不可思议的发明：联通无线电报
（BUKESIYI DE FAMING：LIANTONG WUXIAN DIANBAO）

作　　者：［加］莫妮卡・库林　著
　　　　　［加］理查德・鲁德尼茨基　绘
译　　者：简　严
责任编辑：赵　琳
封面设计：智　勇
内文排版：尚春苓
出　　版：东方出版社
发　　行：人民东方出版传媒有限公司
地　　址：北京市东城区朝阳门内大街 166 号
邮　　编：100010
印　　刷：大厂回族自治县德诚印务有限公司
版　　次：2024 年 8 月第 1 版
印　　次：2024 年 8 月第 1 次印刷
开　　本：889 毫米 ×1194 毫米　1/16
印　　张：2
字　　数：23 千字
书　　号：ISBN 978-7-5207-3664-0
定　　价：158.00 元（全 9 册）
发行电话：（010）85924663　85924644　85924641

无线电岁月

曾有那么一段时光
世界各地
收音机尊贵如女王
她端坐在房间
等待听众聚拢在身旁
“把你们的耳朵交给我，
好好听吧。”她说
威风八面

于是我们静静坐着
听任故事
带我们去异国他乡
听马蹄声
“嘚嘚嘚嘚”接连地响

我们除了听
就是想象

古列尔莫·马可尼小时候就喜欢科学和发明，对电尤其感兴趣，他自幼崇拜的偶像之一是发明了避雷针的本杰明·富兰克林。

当初富兰克林提出过风筝实验的设想，在雷雨中用风筝来引电。闪电击中湿漉漉的风筝线后，传导到系在线末端的铁钥匙上，闪电“嗞嗞”晃动着被储存进用来“捉”电的瓶子里。

马可尼也模仿这个实验，想用风筝将天上的电引下来，却不小心把整排当绝缘子用的名贵瓷餐碟都打碎了。

“空气中有能量！”马可尼激动地说。

马可尼1874年出生于意大利的博洛尼亚，是安妮·詹姆森和朱塞佩·马可尼夫妇的次子。这个富有的家庭在城里有房子，在乡村有别墅。别墅位于蓬切西奥，邻近摩德纳。

马可尼年幼时被带去别墅，园丁见了他说：“这个小宝宝的耳朵好大啊！”

“这样他就能听到空气中微弱的声音了。”马可尼夫人骄傲地回应道。

小马可尼母亲的回答确实不假，因为古列尔莫·马可尼长大后成了“无线电通信之父”。

马可尼在学校表现不佳，因此家里为他请了家庭教师。10 岁时，马可尼就能在父亲的藏书室里博览群书。

德国科学家海因里希·鲁道夫·赫兹关于电磁波的论述，以及他用高压电火花产生电磁波，这些都深深吸引着马可尼。于是，马可尼学会了电报语言——莫尔斯电码。一位退休的电报操作员教马可尼如何在电报机上发信息。

1894年的夏天，马可尼20岁，他和哥哥阿方索一起去意大利北部的阿尔卑斯山度假。一天晚上，马可尼正努力让自己入睡，脑子里突然闪现出一个好主意，能找到办法利用电磁波来发送无线信息吗？

之前从未有人做到过。如果马可尼想成为第一个吃螃蟹的人，他就必须尽快行动起来。

马可尼天生是个发明家。他能长时间专心致志，而且，在实验失败时，他又会选择重新开始。不过，发明家还需要工作的设备和场地。

“我们会腾出别墅的两间阁楼给你。”马可尼的母亲说，她跟儿子一样激动。

马可尼的父亲说：“发明是个不错的爱好，但你今后要怎么谋生呢？”

尽管心存疑虑，马可尼的父亲还是给了儿子买设备的钱。

马可尼用电池、天线和电火花发生器来做试验。如果能把无线电波的信号发射到房间另一边的接收器上，他就成功了。

1895 年夏末的一天，马可尼刚按下电报键，接收器的电铃就“丁零零”地响了。

“实验成功了！”马可尼高兴地告诉母亲，“信号不用电线也能在空中传播！”

是时候通过更远的距离来测试无线电报了。阿方索和两名助手扛着天线、接收设备来到距离别墅1.5英里（约2.4千米）远的山头。他们还带了一杆猎枪，要是收到了电报的信号，他们就按约定开一枪回应。

马可尼带着无线转换器坐在树下的桌旁。他按了3次键，然后等待枪声响起。

马可尼确信无线电波能远距离传播，高高的山脉或深深的峡谷都无法阻挡电波传播的脚步。这也是马可尼做的最后一次关于无线电报的测试。

突然传来一声枪响，成功接收到了无线电信号！

21 岁时，马可尼已经发明了一台能实际应用的无线电报机。

他的爱尔兰籍母亲安妮，在英国有很多亲戚。1896 年，安妮和儿子去英国旅行以展示儿子的发明。母子俩到达伦敦时，安妮的侄子亨利·杰姆逊·戴维斯来火车站接他们。

“你需要给你的发明申请专利。”他直截了当地告诉马可尼。

为了保护自己的无线电报发明不被人抄袭，马可尼申请了专利。

在英国期间，马可尼用他的无线电报做了很多次令人目瞪口呆的演示，其中最激动人心的一次是给维多利亚女王演示。

女王的儿子爱德华因膝盖受伤在离岸边几千米远的皇家游艇上疗养。女王让马可尼在她的避暑别墅和皇家游艇上安装了无线电报机，这样女王每天都能及时了解儿子的康复情况。无论是从陆地到海上的船只，还是从船只到陆地，之前从未有人这样传送过信息。

马可尼很快就从游艇给避暑别墅发去了无线电报。女王对这个新发明惊叹不已。

马可尼这次从船上成功传送电报到对岸，激励着他想方设法使发送的信号能跨越宽广的大西洋。他选择了英国康沃尔郡的波尔杜这一地点来建造信号传送站。

信号转换器必须足够强大，才能确保莫尔斯电码的按键声在大西洋对岸远达2000英里（约3218千米）的地方被听到。马可尼建的第一架天线没坚持多久，猛烈的海风就把它吹散架了。第二架天线是扇形的，高达210英尺（约64米）。

在加拿大纽芬兰岛圣约翰斯的信号山上，正值冬天，刺骨的寒风在山上呼啸怒号。

马可尼用气球和风筝把接收天线升到高空。他在暴风雪中放风筝，就像他的偶像本杰明·富兰克林一样。

英国波尔杜点的工作人员每天花3小时持续发送字母“S”的莫尔斯电码信号。马可尼戴着听筒耐心地等待信号传来，但什么声音都没有。随着时间一天一天地过去，马可尼越来越沮丧了。

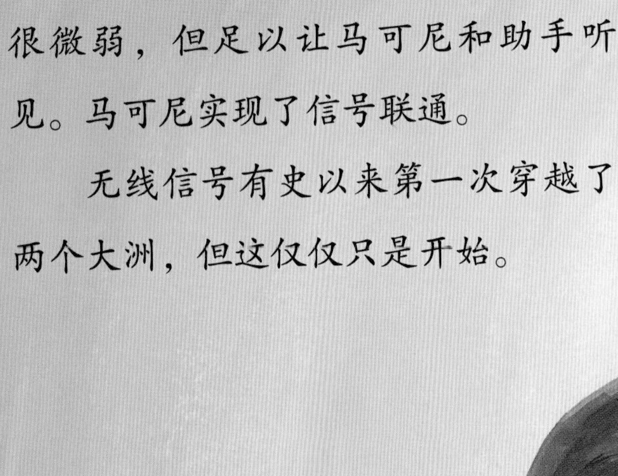

功夫不负有心人。1901 年 12 月 12日，马可尼终于在接收器上听到了 3 声键响。他兴奋地将耳机递给助手，助手也听到了 3 次键击声。信号很微弱，但足以让马可尼和助手听见。马可尼实现了信号联通。

无线信号有史以来第一次穿越了两个大洲，但这仅仅只是开始。

快来援救我们的船只！

100 多年前，1912 年 4 月 15 日“永不沉没的巨轮”泰坦尼克号在撞上冰山后沉没了。船上有 2200 多名乘客和船员，而幸存者只有 700 余人。

马可尼的无线电报在那趟旅程中既是祝福也是诅咒。泰坦尼克号在碰撞那天收到了 6 次冰山警告，但都被一一忽略了。乘客们一直将这些警告和来自大洋深处的问候混为一谈而置之不理。

泰坦尼克号最后发出的电报内容如下：“我们在快速下沉，乘客正往救生艇上转移。”

如果不是马可尼的发明，“卡帕西亚号”客轮不可能听到救援信号，也不可能全速赶过去搜救幸存者，也就没有人能活着讲述泰坦尼克号的故事了。

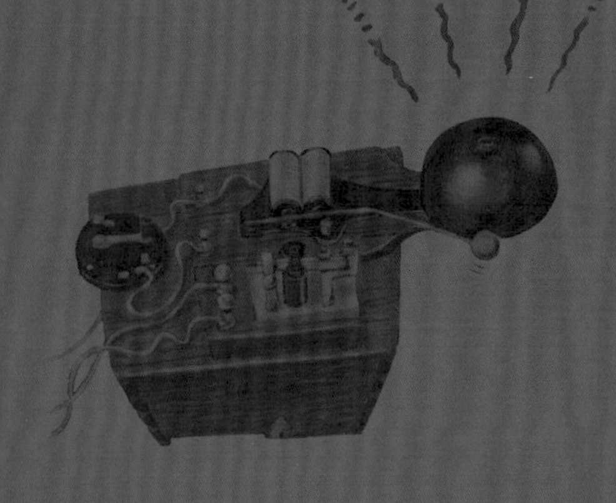

读发明家的故事，
给孩子插上想象的翅膀！

联通无线电报

为什么相隔万里，也能保持顺畅的联系呢？这在很久之前是完全不可能成真的，是一位名叫马可尼（无线电通信之父）的人实现了这一可能性。他由本杰明·富兰克林发明的避雷针受到启发，发现“空气中有能量”。有赖于家庭的大力支持，马可尼试图借助莫尔斯电码，利用电磁波来发送无线信息，将无线电波的信号发送到相距很远的另一个接收器上。经过他的持续努力，利用电磁波发送无线信息的距离由两个房间的近距离传输，到相距 1.5 英里远的两个山头，再到河的两岸，最后竟能跨越宽广的大西洋。马可尼使距离不再是沟通联系的障碍，这一发明专利在某种意义上缩短了空间距离，为人类带来了福音。

[加] 莫妮卡·库林

加拿大温哥华儿童文学作家，其作品在欧美畅销多年，获奖无数。

[加] 理查德·鲁德尼茨基

作为一位艺术家，在绘画和油画方面成就斐然，以其新斯科舍省的画作以及获奖的儿童书籍而闻名。他已经为多本备受好评的儿童书籍创作插画，包括《圣诞节玩具屋》《监视小兔》《公园里的小鸭格雷西》《维奥拉·戴斯蒙德绝不让步》等。

上架建议：科普绘本
ISBN 978-7-5207-3664-0
定价：158.00元（全9册）

不可思议的发明

嗞，通电了

[加]莫妮卡·库林 / 著
[加]比尔·斯莱文 / 绘　简严 / 译

東方出版社
The Oriental Press